KB197103

사이언스 리더스
동물의 놀라운
대이동

로라 마시 지음 | 송지혜 옮김

비룡소

로라 마시 지음 | 20년 넘게 어린이책 출판사에서 기획 편집자, 작가로 일했다. 내셔널지오그래픽 키즈의 「사이언스 리더스」 시리즈 가운데 30권이 넘는 책을 썼다. 호기심이 많아 일을 하면서 책 속에서 새로운 것을 발견하는 순간을 가장 좋아한다.

송지혜 옮김 | 부산대학교에서 분자생물학을 전공하고, 고려대학교 대학원에서 과학언론학으로 석사 학위를 받았다. 현재 어린이를 위한 과학책을 쓰고 옮기고 있다.

내셔널지오그래픽 키즈 사이언스 리더스
LEVEL 3 동물의 놀라운 대이동

1판 1쇄 찍음 2024년 12월 20일 1판 1쇄 펴냄 2025년 1월 15일
지은이 로라 마시 옮긴이 송지혜 펴낸이 박상희 편집장 전지선 편집 임현희 디자인 천지연
펴낸곳 (주)비룡소 출판등록 1994.3.17.(제16-849호) 주소 06027 서울시 강남구 도산대로1길 62 강남출판문화센터 4층
전화 02)515-2000 팩스 02)515-2007 홈페이지 www.bir.co.kr 제품명 어린이용 반양장 도서 제조자명 (주)비룡소
제조국명 대한민국 사용연령 3세 이상 ISBN 978-89-491-6925-5 74400 / ISBN 978-89-491-6900-2 74400 (세트)

사진 저작권 Abbreviation Key: GET = Getty Images; IS = iStockphoto.com; NGS = NationalGeographicStock.com; NGT = National Geographic Television
Cover, Paul Nicklen/ NGS; 1, John Hicks/ NGS; 2, Selyutina Olga/ Shutterstock; 4, Paul Nicklen/ NGS; 5 (top), Mike Powels/ Oxford Scientific/ Photolibrary; 5 (bottom), NGT; 6-7, Ruud de Man/ IS; 7 (inset), Eric Isselee/ IS; 8, Beverly Joubert/ NGS; 10-11, Pete Oxford/ naturepl.com; 11 (bottom), Karine Aigner; 12-13, NGT; 13 (top), Beverly Joubert/ NGS; 14, NGT; 15, Volkmar K. Wentzel/ NGS;16-17, Richard Du Toit/ Minden Pictures/ NGS; 18-19, NGT; 19 (inset),Mlenny Photograhy/ Alexander Hafemann/ IS; 20, John Hicks/ NGS; 22 (top), John Hicks/ NGS; 22 (bottom), Hugh Yorkston/ NGS; 23 (top), NGT; 23 (bottom), NGT; 24 (top), NGT; 24 (bottom), NGT; 25 (top left), NGT; 25 (top right), Mlenny Photograhy/ Alexander Hafemann/ IS; 25 (bottom), NGT; 26 (top), Roger Garwood/ NGS; 26 (center), NGT; 26 (bottom), NGT; 27, Roger Garwood/ NGS; 28, Roger Garwood/ NGS; 29, Stephen Belcher/ Minden Pictures; 30-31, Jo Overholt / AlaskaStock.com; 31 (inset), Flip Nicklen/ Minden Pictures/ NGS; 32 (inset), Flip Nicklen/ Minden Pictures/ NGS; 32, NGT; 33, Stock Connection/ Fotosearch; 34, NGT; 36, Paul Nicklen/ NGS; 37 (top), Paul Nicklen/ NGS; 37 (bottom), Paul Nicklen/ NGS; 38 (top), Paul Nicklen/ NGS; 38 (center), Bob Halstead/ Lonely Planet Images/ GET; 38 (bottom), Alex Potemkin/ IS; 39, Paul Nicklen/ NGS; 40-41, Norbert Rosing/ NGS; 41 (inset), Flip Nicklen/ Minden Pictures/ NGS; 42, Michio Hoshino/ Minden Pictures/ NGS; 43, Ricardo Savi/ The Image Bank/ GET; 44, Myrleen Pearson/ Alamy; 45, Ralph Lee Hopkins/ NGS; 46 (top right), Paul Nicklen/ NGS; 46 (center left), NGT; 46 (center right), Mogens Trolle/ Dreamstime; 46 (bottom left), Mike Powles/ Oxford Scientific/ Photo Library; 46 (bottom right), NGT; 47 (top left), NGT; 47 (top right), NGT; 47 (center left), NGT; 47 (center right), NGT; 47 (bottom left), John Hicks/ NGS; 47 (bottom right), Karine Aigner

이 책의 차례

동물들의 대이동

동물들이 떼 지어 우르르 움직이는 모습을 본 적이
있니? 어떤 동물들은 지구에서 살아남기 위해 무리
지어 **대이동**을 해. 먹이를 찾거나 **짝짓기**를 하려고,
또는 자기들에게 알맞은 기후를 찾아서 가는 거야.

대이동을 하는 동물로는 얼룩말, 크리스마스섬홍게,
바다코끼리가 널리 알려져 있어. 그럼 다 같이
대이동을 하러 출발!

바다코끼리

얼룩말

크리스마스섬홍게

대이동 용어 풀이

대이동: 동물 무리가 먹이나
짝을 찾아 살던 곳을 떠나
다른 곳으로 가는 행동.

짝짓기: 동물의 수컷과
암컷이 짝을 이뤄 자손을
남기는 것.

첫 번째 동물, 얼룩말

수명: 평균 25년

크기: 어깨높이 약 150센티미터

몸무게: 200~450킬로그램으로,
남자 어른 3~6명을 합친 것만큼
무거워!

털: 반지르르 윤기가
흐르면서, 몸 밖에서
들어오는 열을
70퍼센트쯤 줄여 줘.

꼬리: 말과 달리
얼룩말은 꼬리
끝부분에만
털이 붓처럼
달려 있어.

다리: 시속
약 56~65
킬로미터로
빠르게 달릴 수
있지.

발굽: 거친 땅바닥에서
발을 보호해. 강력한
발길질로 '포식자'를
물리치기도 하지. 에헴!

갈기: 축 늘어지는 말갈기와 달리 얼룩말의 갈기는 뻣뻣하게 서 있어.

입: 주로 풀이나 뿌리를 우적우적 씹어 먹지.

이빨: 위험하다고 느끼면 상대를 꽉 물어 버려.

줄무늬: 얼룩말들이 초원에 모여 있으면 풀숲으로 '위장'할 수 있어. 줄무늬 덕분에 몸이 흐릿해 보여서 주위 환경에 잘 스며들거든.

유일한 줄무늬

얼룩말의 줄무늬는 사람의 지문처럼 각각 달라. 갓 태어난 새끼 얼룩말은 어미의 줄무늬를 척척 알아본대.

대이동 용어 풀이

포식자: 다른 동물을 사냥해서 잡아먹는 동물.

위장: 정체를 숨기기 위해 모습을 꾸미는 일.

아프리카 보츠와나에서는 해마다 3만 마리에 가까운
얼룩말이 대이동을 해. 이 엄청난 무리의 얼룩말은
주로 막가딕가디판 국립 공원과 느자이판 국립
공원에서 살고 있어.

얼룩말은 한 번 대이동을 할 때 약 580킬로미터를
오가. 이 거리는 서울에서 제주도까지 도로와 뱃길을
거쳐 가는 총 거리보다도 더 먼 거야!

아프리카

보츠와나

막가딕가디판 국립 공원과
느자이판 국립 공원

보테티강

막가딕가디
소금 사막

보츠와나

비가 오지 않는 시기인 건기에 얼룩말 무리는
보테티강 주변에 모여 지내. 오직 이곳에만 물이 남아
있거든. 주변의 다른 물웅덩이는 모두 말라 버리지.
얼룩말은 강가에서 목을 축이고 풀을 뜯어 먹는단다.

수개월이 지나면 먹을 풀이 떨어지고 말아. 그러면
얼룩말 무리는 동쪽으로 이동해. 물이 풍부한
막가딕가디 소금 사막으로 가는 거야.

비가 많이 오는 우기가 되어 소금 사막에 비가
내리면 곳곳에 물웅덩이가 생겨나고 풀이 자라나.
얼룩말은 웅덩이가 마를 때까지 다섯 달에서
여덟 달쯤 머물다가 다시 보테티강으로 돌아가지.

앗! 물이 부족해

수십 년 전에 지역 주민들이 키우는 소들도 보테티강 주변에서 물을 마시고 풀을 먹었던 적이 있어.

문제는 여기서 시작되었지. 보테티강 주변의 물과 풀이 소와 얼룩말을 한꺼번에 먹일 만큼 넉넉하지 않았던 거야. 얼룩말은 경쟁에서 밀려나고 말았어. 그래서 보테티강에서 멀리 떨어진 곳으로 물웅덩이를 찾아 나서야만 했지.

보통 얼룩말이 먹이를 찾기 위해 이동하는 거리는 16킬로미터 정도야. 그런데 막가딕가디 소금 사막에 있던 얼룩말은 무려 그 두 배가 넘는 34킬로미터를 이동해야 했어. 물을 마시지 못한 채로 일주일 넘게 이동한 때도 있었지. 안타깝게도 많은 얼룩말이 이때 병들거나 죽고 말았대.

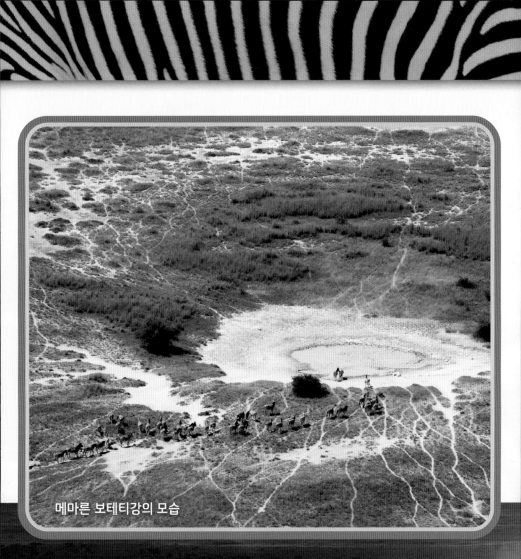
메마른 보테티강의 모습

깜짝
과학
발견

얼룩말은 몸을 움직이지 않고도
귀의 방향을 180도 돌릴 수
있어. 작은 소리도 아주 잘
들어서 적이 다가오는 방향을
정확히 알아채지.

사람들은 얼룩말을 도와주고 싶었어. 궁리 끝에
막가딕가디판과 느자이판 국립 공원에
240킬로미터나 되는 거대한 울타리를 지었지.
소들이 얼룩말이 사는 곳으로 넘어가지 못하도록
말이야. 그 뒤로 얼룩말과 소는 각자의 땅에서 물과
먹이를 구할 수 있게 되었어.

또 사람들은 얼룩말이 물을 마음껏 마시게끔
보테티강 옆에 물웅덩이를 만들어 주었대.

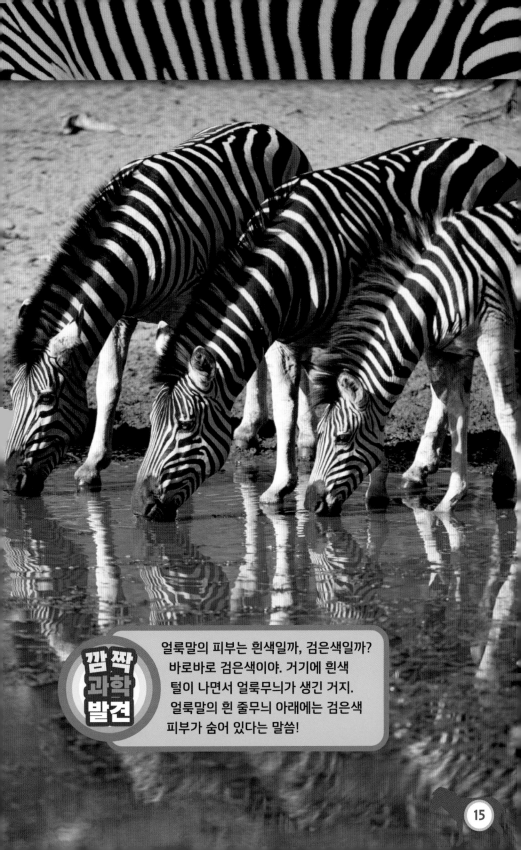

얼룩말의 피부는 흰색일까, 검은색일까?
바로바로 검은색이야. 거기에 흰색
털이 나면서 얼룩무늬가 생긴 거지.
얼룩말의 흰 줄무늬 아래에는 검은색
피부가 숨어 있다는 말씀!

사람들이 노력하고 있지만 얼룩말의 수가 점점 줄고
있어. 얼룩말이 사라질 멸종 위기에 놓였다는 사실을
알고 있니? 얼룩말을 연구하는 과학자들은 얼룩말의
수를 늘리려고 애쓰고 있어. 얼룩말들이 야생에서 더
건강하게 살아가기를 바라면서 말이야.

두 번째 동물, 크리스마스섬홍게

수명: 최대 30년

크기: 등딱지 너비 약 11센티미터

몸무게: 약 480그램

다리: 양쪽에 4개씩 총 8개의 다리로 걸어 다녀.

집게발: 양쪽에 1개씩 총 2개야. 먹이를 입에 넣을 때 사용하지.

입: 먹이를 가리지 않아. 과일, 씨앗, 잎, 꽃부터 죽은 새나 게도 먹어 치우는 '청소동물'이야.

아가미: 원래 물속에서 숨을 쉬게 하는 기관이지만, 크리스마스섬홍게처럼 육지에서 공기로 숨 쉬려면 늘 물기가 촉촉하게 젖어 있어야 해.

대이동 용어 풀이

청소동물: 죽은 동물이나 다른 동물의 똥 등을 먹고 사는 동물.

깜짝 과학 발견

크리스마스섬홍게는 해마다 거의 똑같은 길을 따라 이동해.

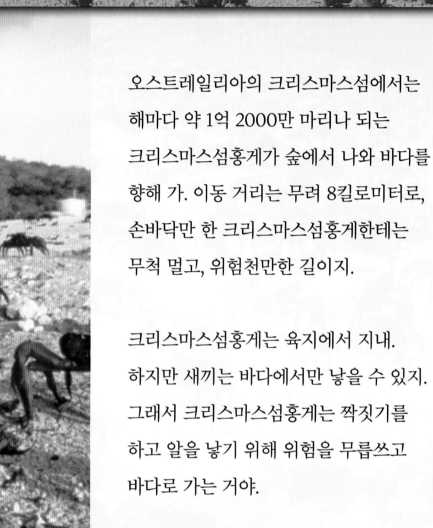

오스트레일리아의 크리스마스섬에서는
해마다 약 1억 2000만 마리나 되는
크리스마스섬홍게가 숲에서 나와 바다를
향해 가. 이동 거리는 무려 8킬로미터로,
손바닥만 한 크리스마스섬홍게한테는
무척 멀고, 위험천만한 길이지.

크리스마스섬홍게는 육지에서 지내.
하지만 새끼는 바다에서만 낳을 수 있지.
그래서 크리스마스섬홍게는 짝짓기를
하고 알을 낳기 위해 위험을 무릅쓰고
바다로 가는 거야.

크리스마스섬 ★

오스트레일리아

1 크리스마스섬홍게가
숲을 빠져나와.

크리스마스섬홍게는 보통 때는 숲에서 굴을 파고
지내. 우기가 되어 첫비가 내리면 대이동을 시작하지.
일주일 동안 높이가 12미터나 되는 절벽을 넘고
도로를 건너서 마침내 바다에 이르러.

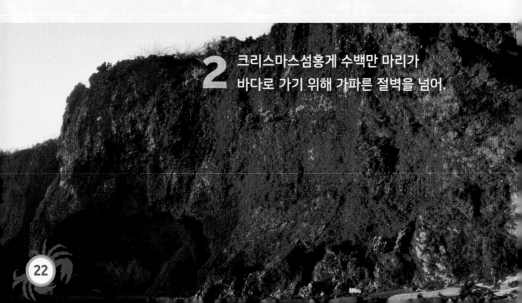

2 크리스마스섬홍게 수백만 마리가
바다로 가기 위해 가파른 절벽을 넘어.

3 수컷들이 먼저 도착하고, 얼마 지나지 않아
암컷들이 모여.

먼저 도착한 수컷은 바닷가에 굴을 파. 뒤따라
암컷이 오면 이곳에서 짝짓기를 하지. 이후 수컷은
숲으로 돌아가고, 암컷은 굴속에서 13일 정도 더
머물며 알을 품는대.

4 암컷은 약 2주 후에
굴을 떠나.

알을 낳을 때가 되면
암컷은 굴 밖으로 나와
바다에 들어가. 그러고는
춤을 추듯이 몸을 털며
물속에 알을 풀어놓는단다. 암컷은 많게는 알을
10만 개나 낳고서 곧바로 살던 숲으로 돌아가지.

대이동 용어 풀이

유생: 애벌레나 올챙이처럼 알에서 갓 나온 어린 새끼. 게 유생은 벌레처럼 생겼다.

본능: 생물이 태어날 때부터 하게 되어 있는 행동 방식.

알들은 물속에
놓이자마자 **유생**이 돼.
3~4주가 지나면 몸길이가 6밀리미터쯤인
어린 게가 되어 물 밖으로 기어오르지.
크리스마스섬의 숲으로 가는 거야!

분홍빛 바다

어린 크리스마스섬홍게들이 바다에서 숲을 향해 가는 모습은 마치 분홍 바닷물이 밀려가는 것 같아. 게들은 누가 알려 주지 않아도 숲으로 가는 길을 '본능'으로 알고 있다고 해.

조심해!

크리스마스섬홍게는
이동하는 동안 많은
위험과 맞닥뜨려.
자동차, 트럭 등
차들이 무심코 게를
밟고 지나가지. 힘겹게
바다에 이르면 거센
파도에 휩쓸리고,
유생은 물고기한테
잡아먹히기
일쑤야. 천적인
긴다리비틀개미의
공격도 피할 수 없어.
어떤 게는 이동 중에
뜨거운 햇볕에 말라
죽기도 한대!

자동차에 짓밟힘

파도에 휩쓸림

긴다리비틀개미의 공격

크리스마스섬홍게의
대이동 돕기

사람들은 크리스마스섬홍게가 보다 안전하게 이동할
수 있도록 도와줘. 게들이 자동차와 마주치지 않도록
따로 다리를 놓거나 도로 밑으로 터널을 만들기도
하지. 글쎄, 어떤 도로에는 크리스마스섬홍게의
대이동 기간 동안 아예 차가 들어갈 수 없어!

크리스마스섬홍게는 대이동
기간을 빼고는 일 년 내내
숲속 굴에서 살아. 굴 하나에
게가 한 마리씩 살고 있지.

세 번째 동물, 바다코끼리

수명: 최대 40년

크기: 약 360센티미터

몸무게: 약 1700킬로그램

피부: 물속에서는 갈색이나 회색으로 보여. 물 밖으로 나오면 짙은 갈색이나 분홍빛을 띠지.

지느러미발: 헤엄치거나 땅에서 이동할 때 사용해.

지방층: 10센티미터 정도로 아주 두툼해. 덕분에 얼음판에서도, 차디찬 물속에서도 몸을 따뜻하게 할 수 있어.

대이동 용어 풀이

지방층: 피부 아래에 지방으로 된 층. 바다 동물의 지방층은 추운 곳에서도 체온을 알맞게 지켜 준다.

공기주머니: 공기를 넣어 부풀리면 머리가 둥둥 떠서 물 위에 내놓고 잘 수 있어.

수염: 주둥이에 난 수염으로 바다 밑바닥을 훑어 먹이를 찾아내.

엄니: 무게는 5킬로그램쯤 되고, 길이는 최대 1미터까지 자란대.

입술과 혀: 조개나 굴 껍데기 속의 살을 쏙 빨아 먹는 데 사용하지.

입: 주로 조개를 먹고 살아. 하루에 조개 4000마리는 거뜬히 먹는다니까!

바다코끼리는 몹시 춥고 **빙하**가 많은 북극에 살아.
바닷속에서 먹이를 구할 때가 아니라면, 보통 바다에
떠다니는 얼음판인 **유빙**에서 쉬곤 해.

**대이동
용어 풀이**

빙하: 천천히 움직이는
거대한 얼음덩어리.

유빙: 바다에 떠다니는
얼음덩어리.

우아, 바다코끼리 수백 마리가 옹기종기 한데 누워
있어! 바다코끼리는 사냥을 할 때나 유빙에서 쉴
때는 몰려다니지 않아. 하지만 육지에서 잠을 잘
때는 위 사진처럼 아주아주 큰 무리를 이루지.

태평양바다코끼리는 계절에 따라 베링해와
축치해를 오가며 살아. 여기서 이름 뒤에
붙는 '-해'는 바다를 말한단다! 겨울에는
남쪽의 베링해로 내려갔다가, 여름이 되면
북쪽의 축치해로 올라가지. 날씨가 더워져
얼음판이 녹으면 좀 더 추운 북쪽으로
이동하는 거야. 보통 암컷과 새끼들은
브란겔섬까지 올라가고, 수컷들은 축치해
남쪽 바닷가에서 머무른다고 해.

콜리마강 하구

태평양

바다코끼리는 귀 주변에 주름이 자글자글 많아서 귓구멍이 잘 보이지 않아.

브란겔섬

배로곶

축치해

시베리아
(러시아)

알래스카
(미국)

베링해

하구: 강물이 바다로 흘러드는 곳.
곶: 바다 쪽으로 뾰족하게 뻗어 나온 육지.

태평양바다코끼리는 북쪽으로 이동하는 길에
유빙에서 새끼를 낳아. 갓 태어난 새끼는 몸길이가
120센티미터쯤 돼. 몸무게는 무려 70킬로그램까지
나가지. 몸길이는 초등학교 1학년 어린이만 하고,
몸무게는 남자 어른만큼 무거운 거야!

깜짝
과학
발견

바다코끼리는 강력한 머리뼈를
지녔어. 두께가 20센티미터나
되는 얼음판을 들이받아
깨트릴 수 있대!

바다코끼리는 무얼
먹고 살까? 조개를
가장 좋아하지만,
이밖에도 여러 가지
바다 생물 60여 종을
먹고 살아. 산호부터
털갯지렁이, 해삼,
바닷가재……
글쎄, 바다표범도
잡아먹는다니까!

조개

해삼

**대이동
용어 풀이**

종: 비슷한 특성을 가진 생물 무리.
수심: 강이나 바다, 호수 등의
물 깊이.

바닷가재

바다코끼리는 보통 **수심**이 90미터도 되지 않는 얕은 바다의 밑바닥에서 먹이를 찾아. 사냥을 마치고 나면 유빙 위로 몸을 훌쩍 끌어올리고는 한가롭게 쉰단다.

바다코끼리의 만능 엄니

바다코끼리의 엄니는 쓸모가 정말 많아. 얼음에 구멍을 내거나 얼음판에 쿡 찍어 몸을 끌어올리려면 엄니가 꼭 있어야 해. 또, 다른 수컷과 싸울 때나 북극곰 같은 포식자를 상대할 때에는 엄니가 훌륭한 무기로 쓰이지.

녹아내리는 유빙

바다코끼리에게는 유빙이 무척 중요해. 잠수하고
나서 쉴 유빙이 없다면, 지친 바다코끼리는 물에
빠져 죽을지도 몰라! 그런데 지구의 평균 기온이
높아지면서 유빙이 빠르게 녹고 있어.

태평양바다코끼리의 **서식지**인 축치해에도 유빙이
줄어들고 있어. 바다코끼리가 더 추운 북쪽으로
이동하면 좋겠지만, 그러지 못해. 축치해 너머는
수심이 너무 깊어서 먹이를 찾기 어렵거든.

**대이동
용어 풀이**

서식지: 동물이나 식물이
살아가는 보금자리.

동물을 구하는 방법

많은 사람들이 위험에 처한 동물들을 돕고 있어. 국립 공원 주변에 지은 울타리 덕분에 보츠와나에 사는 얼룩말 무리는 마음껏 물을 마실 수 있게 되었지. 크리스마스섬홍게 떼는 사람이 만든 안전한 다리와 터널을 따라 바다까지 무사히 이동하게 되었고 말이야.

깜 짝
과학
발견

바다코끼리는 보통 때에는 시속 6킬로미터의 속도로 헤엄치지만, 위험하다고 느낄 때는 시속 35킬로미터까지 속도를 낼 수 있어!

하지만 바다코끼리를 도울 방법은 아직 찾지 못했어.
어떻게 하면 유빙이 더 이상 녹지 않게 지켜서
바다코끼리를 구할 수 있을까?

먼저 지구가 뜨거워지는 것을 막아야겠지? 그러려면
환경을 잘 보살펴야 해.

재활용을 잘하면 지구에 마구 버려지는 쓰레기가
줄어들어. 사용하지 않는 전자 제품의 전원을 끄면
에너지를 절약할 수 있지. 또 짧은 거리는 자동차를
타는 대신 걸어가거나 자전거를 타 봐. 멀리 갈 때는
버스나 지하철 같은 대중교통을 이용하는 게 좋아.

이런 행동들을 하기 시작했다면, 다른 사람들에게도 함께하자고 말해 보는 거야. 작은 행동이 모여서 큰 변화를 일으킬 수 있어!

꼭 알아야 할 과학 용어

대이동: 동물 무리가 살던 곳을 떠나 다른 곳으로 가는 행동.

짝짓기: 동물의 수컷과 암컷이 짝을 이뤄 자손을 남기는 것.

포식자: 다른 동물을 사냥해서 잡아먹는 동물.

위장: 정체를 숨기기 위해 모습을 꾸미는 일.

청소동물: 죽은 동물이나 다른 동물의 똥 등을 먹고 사는 동물.

유생: 애벌레나 올챙이처럼 알에서
갓 나온 어린 새끼.

본능: 생물이 태어날 때부터 하게
되어 있는 행동 방식.

지방층: 피부 아래에
지방으로 된 층.

유빙: 바다에 떠다니는
얼음덩어리.

종: 비슷한 특성을 가진
생물 무리.

서식지: 동물이나 식물이 살아가는
보금자리.

찾아보기